U0336323

秋 硕果累累

温迪·普费弗 著
琳达·布莱克 绘
张光前 译

中国科学技术大学出版社

北半球初入秋，
花栗鼠就往嘴里塞果实，
运回地下的窝里存起来。
小红狐找果子，逮田鼠，
吃不了的埋起来，
饿了好挖出来吃。
河狸把树枝草秆拖入水，
水面封冻时好在水下啃。

随着太阳越来越偏南，
日出一天要比一天迟，
日落却一天比一天早。
白天变短，夜晚变凉，
作物的生长期已结束，
动物需要储备过冬粮。
寒冬将来临，黑熊要上膘，
肚子里填满蜂蜜、小虫，
还有果子和块根。

人们忙着去采摘，
紫色的葡萄、黄色的葫芦、
橘黄的南瓜、红红的脆苹果。
玉米要脱粒，
坚果、浆果要采集，
收获的喜悦溢于言表。

如今过冬粮食已充足，
不像动物那样把食物囤。
轮船、卡车、运输机，
把新鲜的果蔬从适合生长的地方运过来。

北半球冬天时，
南半球正是夏天，
那边的作物正生长。

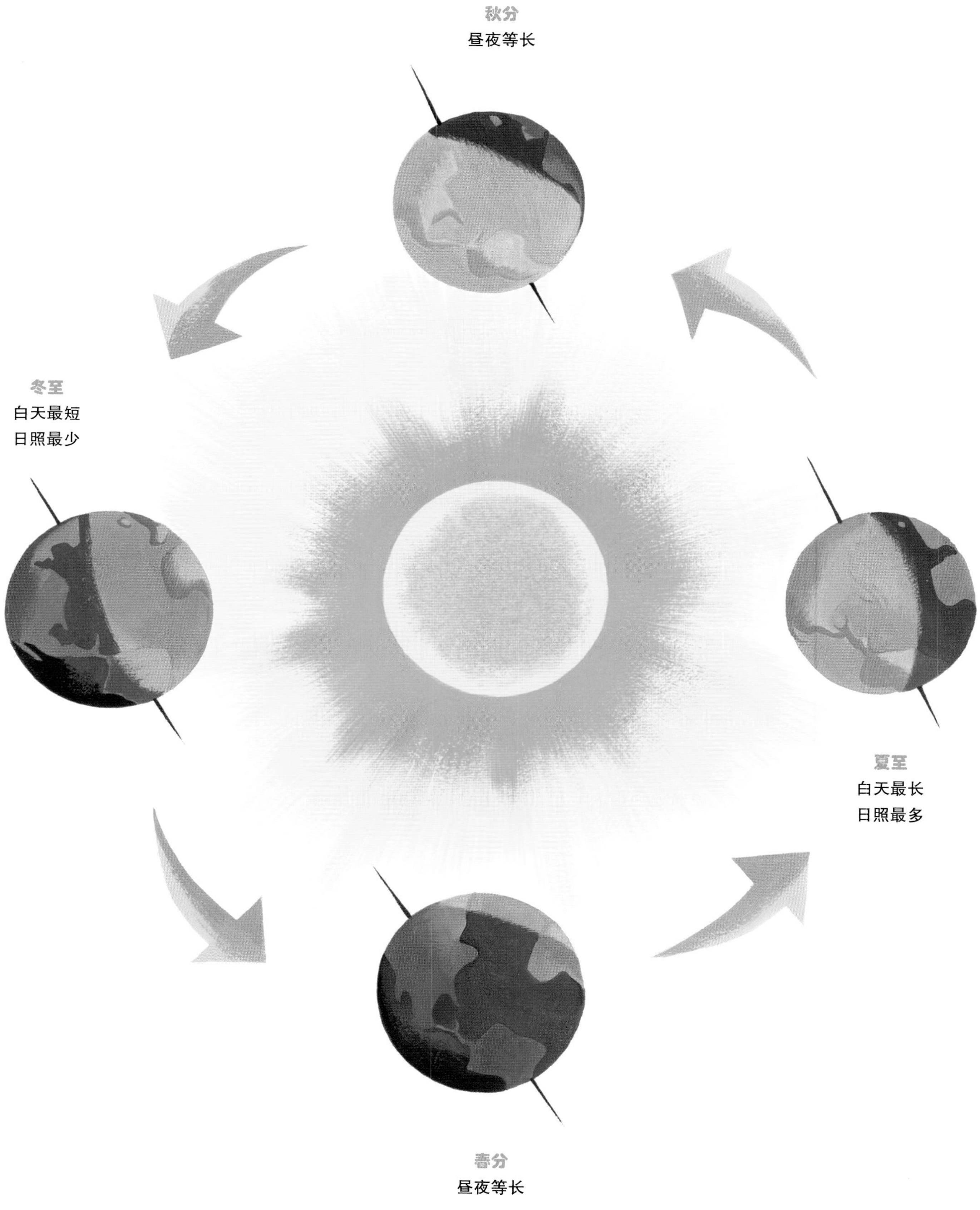

秋分
昼夜等长

冬至
白天最短
日照最少

夏至
白天最长
日照最多

春分
昼夜等长

地球绕日的倾角造就了季节的变化。
北半球朝向太阳时，
北方日照多，
夏天正当时。
南半球朝向太阳时，
北方日照少，
冬天雪皑皑。

夏与冬之间，
9月21日前后，
阳光直射赤道上，
南、北两半球日照恰相等。
秋分这一天，
各地日夜一样长，
庄稼就要收获了。

庄稼生长周期有不同，
多数随着春雨来发芽。
夏日骄阳促其长，
阳光助叶子造养分，
植物生长不可缺。

秋天到，天变凉，
庄稼养分供不上，
生长遂停止，
此时进行收和藏。
成熟的瓜果和蔬菜需要赶紧来采摘，
要不会在寒冬被冻坏。

三十万年前，
人类不知道可以人工播种子，
由此获得好收成。
那时古人住山洞，
摘野果，挖块根，
采集能吃的野菜。

漫漫长冬很难熬。
秋天存下的食物，
支撑他们过寒冬。

大约一万年前，
在现今的叙利亚和土耳其，
一些部落学会了种小麦和大麦。
种下一粒籽，
结出许许多，
他们一定很惊喜。

八千年前在埃及，
人们种庄稼，
温暖的气候很适宜。
尼罗河，水量丰，
每年一次发洪水，
肥沃的黑土，
淤积在两岸。
庄稼万顷粗且壮。

农业逐渐拓展到亚洲。
现今伊拉克一带，
底格里斯河流经的地方，
有一片新月形的沃土。
五千年前那里的人，
也学会了种庄稼。

世界各地每临秋，
男女老少齐动员，
从早忙到晚，
甚至借月光，
割稻、打谷、收麦。
收成好就能吃得饱，
还有剩余度粮荒。
劳碌过后齐庆祝。

千百年来人们庆丰收，
逐渐成了传统，
但因时代、地域而不同。
至今全球各地，
古代传统仍延续。

三千年来，
每当收获季，
犹太人团聚，
共庆住棚节。

八天节期表感恩，
摇动枣、椰、番石榴，
柳树枝条向八方。

犹太人搭苏克棚，
有如古代农忙时农人地头歇息的茅屋。
棚里挂满了果蔬，
邀请亲戚和朋友，
分享食物与友谊。

印度的南部，
庞格尔节，
四天的丰收节，已历两千年。
第一天，
米粉捏成花，
装饰大门谢雨神。
第二天，
制作甜奶米布丁，
用它敬奉太阳神。

第三天，
敬耕牛，
感谢它们拉犁苦。
第四天，
河边聚餐又跳舞，
新收的大米不可少。

日本种稻节庆多，
迄今已传两千年。
每逢春天到，
穿和服的女子去插秧，
吹笛、击鼓又敲钟，
乐手齐助兴。
夏天有灯节，
同庆水稻成熟季。

秋天庆丰收，
游行与舞龙。
日本人同庆“见月节”，
边唱边赏月。
月面有阴影，
好似兔子在做糯米团。

七百多年来，
尼日利亚人秋天也有节，
庆祝最先收获的木薯。
头天的晚上，
要将旧年的木薯扔掉。

节日当天，
新薯献给神灵与祖先，
感谢庇佑保丰收。
舞者穿草裙，带假面，
乌龟、蜥蜴、日、月、树，
象征四季的轮转。

几百年前，
英国人深信，
麦子的精灵藏在割下的最后一把麦中，
所以，
他们把每块地最后一把麦拧成小人的形状，
起名叫做“谷神偶”。

神偶冬天挂在谷仓或教堂，
开春犁地时再埋回田地里，
这样可保收成好。
而今制作“谷神偶”，
只是为好玩。

1620年，
英国的清教徒到达美洲时已是深秋，
不宜种植。
那年冬，许多人死于病与饥，
幸存的人熬到春天，
播下带来的麦种。
当地印第安的万帕诺亚格人教会他们种玉米。

这年秋，新移民获得大丰收，
决定庆祝这一好运。

新移民忙得更带劲。
男人端上鸭、鹅、火鸡、鱼和蚝；
女人准备玉米饼和果酱；
儿童负责篝火和烧烤。
饮宴欢庆持续了三天整。

丰收庆典自远古，
如今人们仍庆丰——过节、请客及娱乐。
收获季，粮食瓜果样样有，
玉米、大米和番薯，苹果、南瓜和浆果。
秋天，大自然色彩斑斓美味多，
是家人朋友相聚的好时机，
共同感谢上苍的赐予。

昼夜平分时

当太阳的中心垂直于赤道上方时，地球南北两半球接收的阳光完全相等，此时叫做“昼夜平分时”，也就是说，这一天世界各地白昼与黑夜的时长相等。

“昼夜平分时”的英文是“equinox”。这个词由两个部分构成，“equi”是相等的意思，你们可能学过“equal”这个词；“nox”是“night”的字根。所以，“equinox”就意味着白天、黑夜相等，不多不少，各12小时。

一年分为四季。春分时，白天与黑夜一样长。夏至是一年中白天最长的一天。秋分呢，白天与黑夜一样长。冬至是一年中白天最短的一天。

春分出现在3月21日前后，这一天太阳正好直射赤道，于是世界各地白昼与黑夜一样长。它告诉人们该播种了。

夏至在6月21日前后，阳光直射北半球，农作物快速生长。

秋分出现在9月21日前后，这一天太阳正好直射赤道，于是世界各地白昼与黑夜一样长。它告诉人们该收割了。

离秋分最近的满月叫做“收获月”。明亮的月光让人们深夜还能收割。

秋分过后，北半球的阳光越来越斜，白天越来越短，黑夜越来越长，直到冬至日。冬至日一般在12月21日前后。一轮新的循环又开始了。

证明春分、秋分日出正东

所需材料和工具

1. 笔和纸；
2. 指南针。

9月15日到20日要做的事

1. 选定早晨一个固定的时间，例如等校车的时候；
2. 选定一个你能坐几分钟画画的地方；
3. 摆好指南针，面朝正东坐下来；
4. 画下你面前看到的东西，如房子、树、电线杆等等，但别画上太阳；
5. 在纸的左上角写上“北”字，上方正中的地方写上“东”，右上角写上“南”；
6. 把这张画复印7份。

此后（从9月到次年3月）每个月的21日前后要做的事

1. 查看日历，对于9月和3月，一定要在秋分日和春分日当天做；
2. 在上次画画时选定的时刻，带着笔、指南针和一张复印好的画到你选定的地点；
3. 摆好指南针，面朝正东坐下来；
4. 画下太阳的位置（9月的那一天，你的脸应该是正对着太阳；12月的那一天，太阳的位置应该偏右；3月的那一天，你的脸也应该是正对着太阳）；
5. 在每张画上记下时间和日期；
6. 3月的画画好之后，把你的7张画从9月到3月依次排好；你的画是不是显示了9月和3月太阳从正东升起呢？

秋分和春分太阳都从正东升起，在正西落下。这个实验也可以在傍晚时分做，步骤跟前面一样，但你坐下来的时候要面朝西。纸上的“东”改成“西”，“南”“北”两个字也要调换位置。

展示地球的倾角如何形成四季

很久以前，人们认为地球离太阳越近的地方越热。那是不对的。实际上，1月份北半球离太阳近，却是冬天；6月份离太阳远，却是夏天。是地球的倾角，而不是地球与太阳的距离造成了四季。正是这一倾角使得阳光以不同的角度照射地表。阳光照射某个地方的角度决定了该地区的冷暖。你可以通过下面的方法证明这一点。

所需材料和工具

1. 手电筒；
2. 地球仪；
3. 一张黑纸。

目的

1. 证明：夏天太阳垂直照射时，阳光强，天气热。
2. 证明：冬天太阳低角度照时，阳光弱，天气冷。

操作步骤

1. 用手电垂直照射黑纸；
2. 手电光在黑纸上形成一个小而圆的亮区，注意观察它的亮度；
3. 保持手电与纸的距离，但斜着照；
4. 注意观察，此时亮区变长、变大；
5. 现在将手电的光柱垂直照射地球仪的北半球；
6. 你可以看到手电光形成一个明亮的小圆，这相当于太阳在头顶上直射下来；
7. 再把手电光斜过来照北半球。

你可以看到光线覆盖了一个椭圆的、更大的范围。当太阳以低角度照时，光和热就被“稀释”了，散布的面积越大，光和热就越弱。一个地方得到的光与热少了，这就到了冬天。

制作秋分玉米面松糕

当年万帕诺亚格人教新移民如何用开水烫熟玉米面，摊烤成薄饼，以方便猎人或商人在旅途中携带。开始时，人们把这种饼叫做“journey cakes”（旅行饼），后来传来传去成了“Johnny cakes”。再后来，玉米面的做法越来越多，除了做成饼，还可以做成面包和各种糕点。下面就教你如何做玉米面松糕。

所需材料和工具

玉米面2杯　　脱脂奶2杯

发酵粉1茶匙　　巧克力酱

盐1茶匙　　香草酱（可选）　　鸡蛋2个

另外还需要：搅拌用的大碗、大勺、茶匙、量杯、一个12格的松糕不粘烤盘。

操作步骤

1. 请大人帮你把烤箱打开，设定在230℃；
2. 把玉米面、发酵粉、盐放在大碗里；
3. 加入鸡蛋、脱脂奶，充分搅匀成糊状；
4. 用大勺把面糊盛到烤盘的格子里；
5. 在230℃下烤10到15分钟；
6. 放至凉透；
7. 在每块松糕的半边抹上巧克力酱，代表黑夜；
8. 在另外半边抹上香草酱，代表白天，也可以不抹，保留原来的黄色，代表阳光。

做的时候可多做一份，与朋友一起享用。也可以把每块松糕切两半，自己一半，别人一半。想一想，还有什么东西可以这样分成两半与别人分享？苹果？饼干？三明治？

用松糕讲一讲秋分是怎么回事。24小时怎么分成两等份？白天12小时，晚上12小时。祝你开心！

制作尼日利亚的丰收舞面具

面具常常用在庆祝大自然循环的仪式上。年复一年的播种、育苗、收割采摘就是一种循环。

所需材料和工具

1. 30厘米×40厘米白纸一张；
2. 30厘米×40厘米硬纸板或手工纸一张；
3. 绳子一段；
4. 铅笔、剪刀。

操作步骤

1. 在白纸上设计图案。图案通常为动物、树木、太阳、月亮以及你认为应该出现在收获庆典上的图案。例如，画一只乌龟，你就可以把龟壳分成12块，每块代表一个月份。一个好的图案背后总有一个故事。
2. 把硬纸板或手工纸剪成你脸的形状和大小。
3. 把设计好的图案画在剪好的硬纸板上面，涂上颜色。
4. 在眼睛部位挖两个小洞。
5. 在靠近两边的地方各打一个小孔。
6. 每个孔穿一段绳子，系好。
7. 戴上面具，把两根带子在脑后绑好。

你可以开始伴着音乐唱歌、跳舞了。

写作练习

请大家收集一些国家和地区庆祝收获的节日，并选取其中一个节日，写成200字左右的作文。

安徽省版权局著作权合同登记号:第 12171686 号

图书在版编目(CIP)数据

秋:硕果累累/(美)温迪·普费弗(Wendy Pfeffer)著;(美)琳达·布莱克(Linda Bleck)绘;张光前译.—合肥:中国科学技术大学出版社,2019.1
ISBN 978-7-312-04204-1

Ⅰ.秋… Ⅱ.①温… ②琳… ③张… Ⅲ.秋季—普及读物 Ⅳ.P193-49

中国版本图书馆 CIP 数据核字(2017)第 075541 号

出版 中国科学技术大学出版社
安徽省合肥市金寨路 96 号,230026
http://press.ustc.edu.cn
https://zgkxjsdxcbs.tmall.com
印刷 安徽国文彩印有限公司
发行 中国科学技术大学出版社
经销 全国新华书店
开本 787 mm×1092 mm 1/12
印张 3.5
字数 56 千
版次 2019 年 1 月第 1 版
印次 2019 年 1 月第 1 次印刷
定价 29.00 元